# NOTICE

SUR LE

# CABLE TRANSATLANTIQUE,

PAR

LE C^TE TH. DU MONCEL,

OFFICIER DE LA LÉGION D'HONNEUR ET DE L'ORDRE DE SAINT-WLADIMIR DE RUSSIE;
MEMBRE DU CONSEIL GÉNÉRAL DE LA MANCHE;

Ingénieur électricien de l'Administration des Lignes télégraphiques; Membre de la Société Philomathique, du Comité des Arts économiques de la Société d'Encouragement pour l'Industrie nationale, de l'Institut des Provinces; Directeur perpétuel de la Société des Sciences naturelles de Cherbourg; Membre des Académies de Caen, de Bordeaux, de Rochefort, de Liége, de Florence, d'Anvers, de Lucques, de Luxembourg, etc., etc.

Illustrée de 25 gravures dans le texte.

PARIS,
GAUTHIER-VILLARS, IMPRIMEUR-LIBRAIRE
DE L'ÉCOLE IMPÉRIALE POLYTECHNIQUE, DU BUREAU DES LONGITUDES,
SUCCESSEUR DE MALLET-BACHELIER,
Quai des Augustins, 55.

1869

Paris. — Impr. Gauthier-Villars, rue de Seine-Saint-Germain, 10, près l'Institut.

# NOTICE

SUR LE

# CABLE TRANSATLANTIQUE.

---

## PRÉLIMINAIRES.

Si les découvertes inattendues et les travaux gigantesques qui ont été réalisés de nos jours ne nous avaient pas habitués au merveilleux, nous pourrions considérer l'établissement du télégraphe transatlantique comme la huitième merveille du monde, merveille par les résultats presque surnaturels qu'il est appelé à fournir, merveille par les difficultés sans nombre qu'a exigées son installation, merveille par les effets physiques produits, merveille même par les sommes énormes qui ont été dépensées pour sa réalisation définitive. Il est vrai que cette merveille, comme une grande coquette qui veut faire estimer plus haut ses faveurs, a trouvé bon, avant de prendre forme, de provoquer bien des découragements, de repousser bien loin, au moment même d'atteindre le but, les enthousiastes acharnés à sa poursuite; mais, grâce à une persévérance à toute épreuve, grâce à des sacrifices sans nombre, cette merveille a pu être enfin créée, et elle sera un des plus beaux titres de gloire à l'intelligence de l'homme.

A l'époque de la publication de notre *Traité de Télégraphie électrique* [juin 1864 (1)], la réalisation de cette gigantesque entreprise n'avait pas encore été effectuée. Le premier câble

---

(1) La présente Notice fait suite à ce Traité dont elle n'est, en quelque sorte, qu'un appendice.

immergé en 1857 n'avait pu être complétement posé et celui de 1858, après avoir eu son immersion couronnée de succès, s'est trouvé au bout de peu de jours tout à fait mis hors de service. Aussi pensions-nous à cette époque, avec la plupart des télégraphistes, que le véritable moyen de relier l'Amérique à l'Europe était d'avoir recours aux lignes continentales de l'Asie et de l'Amérique pour n'avoir à employer les câbles sous-marins que sur l'étendue de mer relativement fort restreinte occupée par les îles Aléoutiennes. Les essais infructueux tentés en 1865, pour immerger directement un nouveau câble entre l'Angleterre et l'Amérique, nous avaient encore confirmé dans cette opinion. Mais en 1866, grâce au concours d'une autre merveille, le *Great-Eastern*, ce géant des mers, le grand problème s'est trouvé enfin résolu ; cette fois l'enthousiasme ayant succédé au découragement, on ne douta plus de rien ; on parla sérieusement de relier l'Angleterre à l'Australie, et la France voulant avoir aussi son télégraphe transatlantique, une Compagnie se forma pour réaliser cette nouvelle entreprise. Au moment où nous publions cette Notice ce projet est en voie d'exécution. Nous ignorons si la réussite couronnera l'œuvre ; mais nous devons dire pour terminer ce préambule, que si, dans les essais infructueux qui ont été tentés, on a dépensé beaucoup de peine et beaucoup d'argent, ces essais ont considérablement avancé la question au point de vue technique (1), et ils ont démontré que la solution matérielle du problème *était possible*, quoi qu'en eussent dit certains physiciens et certains ingénieurs, qui comptaient sans les découvertes nouvelles et qui avaient sans doute oublié ce vieil adage :

*Audaces fortuna juvat !*

On a beaucoup écrit et beaucoup parlé depuis dix ans sur le télégraphe transatlantique, mais on est tout surpris aujourd'hui, quand on se reporte à ces écrits, de voir que ce qu'on croyait être, il y a quelques années, le dernier mot de la question n'en était peut-être pas même le premier, et il arrive souvent que, n'étant pas au courant des recherches nouvelles, qui

---

(1) *Voir* pour les détails techniques mon *Traité de Télégraphie*.

restent la plupart du temps inaperçues, on regarde comme im possibles les faits qu'on vous signale.

Que dira-t-on, par exemple, quand nous annoncerons que le télégraphe transatlantique, qu'on croyait impossible, non-seulement fonctionne presque aussi vite que le télégraphe Morse de nos lignes aériennes, mais encore qu'il marche sous l'influence d'une pile moins forte que celle qu'on emploie pour mettre en jeu nos sonneries d'appartement, en un mot, sous l'influence d'une pile de Daniell de *cinq éléments!!!* Certes, si l'on se reporte aux réactions si complexes qui se produisent au sein des câbles sous-marins, si l'on considère les retards occasionnés par ces réactions, les troubles apportés aux transmissions par l'effet des décharges secondaires et accidentelles qui s'y manifestent, enfin la distance considérable qui sépare l'Amérique de l'Europe, on se demande comment il est possible d'obtenir, dans de si mauvaises conditions, des effets qui ne peuvent être réalisés sur nos lignes aériennes qu'avec des forces électriques très-considérables, et même avec beaucoup moins d'erreurs. Pourtant le fait existe, et nous allons tâcher de le faire comprendre aussi clairement qu'il nous sera possible.

Pour qu'il n'y ait pas d'ambiguïté dans l'esprit du lecteur, et qu'il ne confonde pas les données fournies par les premières expériences avec celles qui résultent des dernières, nous croyons devoir commencer par résumer, en quelques mots, les idées qu'on s'est faites sur les transmissions électriques à travers les circuits sous-marins, depuis l'origine jusqu'à nos jours.

Après la pose du premier câble sous-marin entre Douvres et Calais, les employés télégraphistes avaient observé dans les transmissions électriques certaines réactions contraires qui avaient pour résultat de rendre lente et difficile la marche des appareils, fait qu'ils attribuèrent alors à un retard, occasionné par une réaction produite au sein de ces conducteurs, dans la vitesse de transmission de l'électricité.

Ces effets, étudiés quelque temps après par l'illustre Faraday sur un câble beaucoup plus long, alors en construction à Londres, purent être expliqués d'une manière tout à fait logique par la détermination exacte du rôle complexe que remplit un câble sous-marin au moment des transmissions électriques. Un pareil conducteur, en effet, plongé dans un liquide dont il n'est isolé que par la mince couche de gutta-percha qui lui sert d'enveloppe, se trouve exactement dans les mêmes conditions qu'une bouteille de Leyde ou un simple condensateur dont l'armature interne serait mise en rapport avec une pile, et l'armature externe avec la terre. Or, si l'on considère que la charge de ce condensateur est d'autant plus grande que les surfaces conductrices de celui-ci sont plus développées, et que, dans un câble un peu long comme le câble transatlantique, la plus petite de ces surfaces représente à elle seule plus de 32000 mètres carrés, on peut comprendre que l'action par influence exercée par le fluide électrique en circulation dans le conducteur devra naturellement troubler les conditions de propagation du courant électrique lui-même.

Quel genre de perturbation une action de la nature de celle que nous venons d'exposer peut-elle apporter à la transmission du courant qui lui a donné naissance? C'est ce qui restait à examiner.

A l'époque des premières expériences de Faraday, on croyait encore que l'électricité, comme la lumière, avait une vitesse initiale de propagation (1), et on avait même cherché à la mesurer directement; c'est ainsi que MM. Fizeau et Gounelle, à la suite d'expériences faites sur une longue ligne télégraphique, avaient été conduits à la fixer pour un fil de fer de 4 millimètres de diamètre à 100000 kilomètres par seconde. Il est vrai que MM. Mitchels et Walker, en Amérique, ne l'avaient trouvée que de 40000 kilomètres seulement, alors que M. Wheatstone la déclarait aussi grande que celle de la lumière, et M. Pouillet 10000 fois plus grande. Ces résultats étaient, comme on le voit, peu concordants et pouvaient, certes, faire douter de la réalité de l'hypothèse émise. Aussi à la suite de quelques expériences décisives, dont nous parlerons à l'instant, dut-on l'abandonner complète-

(1) L'électricité, comme la chaleur, nécessitant la présence de la matière pondérable pour sa transmission par conductibilité, se trouve dans un tout autre cas que la lumière, qui peut se propager directement sans l'intervention de la matière.

ment et en revenir à une théorie plus méthodique. Mais n'anticipons pas sur notre sujet.

Nous disions qu'à l'époque des premières expériences de Faraday sur les câbles sous-marins, on croyait à la vitesse de l'électricité, et pour expliquer la réaction produite par suite de l'influence ou de l'induction déterminée à travers l'enveloppe isolante des câbles, on disait, ce qui du reste est encore vrai, que cette induction s'effectuant dans les premiers moments de la propagation du courant, il fallait qu'elle fût complétement accomplie avant que la transmission de celui-ci pût s'effectuer librement. De là, le retard constaté dans la vitesse des transmissions électriques. D'un autre côté, comme la charge condensée trouvait, par suite de la communication du conducteur du câble avec la terre, une excellente voie pour se dégager, on expliquait de cette manière les décharges subséquentes qui se manifestaient après les différentes émissions du courant.

En envoyant à travers le câble des courants alternativement renversés, et en ayant soin d'établir après chaque émission de courant une communication avec le sol, Faraday put constater encore un autre phénomène non moins curieux et qu'on n'aurait guère soupçonné de prime abord, celui *de la transformation du flux électrique en ondes successives,* composées de fluides de noms contraires et se propageant comme les vagues de la mer.

Pour qu'on puisse se faire une idée de ce phénomène, supposons qu'un circuit sous-marin, après avoir été chargé, se trouve brusquement séparé de la pile et mis en contact avec le sol, une partie de l'électricité qui le chargeait, trouvant par cette nouvelle voie un écoulement plus facile, reviendra sur ses pas en donnant lieu à un courant de retour : or, si en ce moment on coupe cette communication avec le sol et qu'on l'établisse avec le pôle de la pile opposé à celui qui avait produit la première charge, la nouvelle charge transmise se superposera à celle engendrant le courant de retour, et il en résultera un renforcement du courant ou une onde dans la partie du circuit en ce moment occupée par cette dernière. Si maintenant on renouvelle la même manœuvre au moment où cette charge en excès arrive aux deux tiers du circuit, par exemple, une nouvelle onde d'électricité contraire pourra se former dans la première partie du même circuit et continuer sa route à la suite de la première. Dans les longs circuits, tels que celui du câble transatlantique, on a pu obtenir jusqu'à 4 ondes successives.

Dans les circuits aériens le même phénomène doit évidemment se produire, mais, comme dans ce cas la propagation électrique est infiniment plus prompte (n'étant pas entravée par la réaction par influence), ils ne sont pas appréciables.

Il est temps maintenant que nous nous expliquions sur le mode actuellement reconnu de la propagation électrique. Cette propagation n'est par le fait qu'un *trouble produit dans l'état d'équilibre électrique d'un conducteur* par suite de l'intervention du générateur électrique. Or, de même que dans une bascule parfaitement en équilibre, la cause qui peut la faire trébucher agit instantanément sur tous les points de sa masse, de même l'action électrique, qui aura motivé la destruction de l'équilibre électrique à une extrémité d'un conducteur, pourra réagir *instantanément* sur toute la longueur de celui-ci. Seulement, pour arriver à produire l'effet maximum dont est susceptible la cause qui a provoqué cette rupture d'équilibre, il faut un certain temps, et *c'est ce temps pendant lequel chaque point du conducteur possède une tension électrique sans cesse croissante qui constitue par le fait la vitesse de l'électricité* ou, pour parler plus exactement, *la période variable* de sa propagation.

Ohm, qui longtemps avant les découvertes modernes avait pénétré le mystère qui environnait le mode de la propagation électrique, assimile cette action à celle de la chaleur qui se propage dans une barre de fer qu'on chauffe par un bout et que l'on refroidit par l'autre. Dans ce cas-là, la chaleur et l'action refroidissante se communiquent de proche en proche à partir des deux extrémités de la barre et, à mesure que ce double mouvement calorifique se propage vers le milieu de cette barre, les parties primitivement chauffées et refroidies acquièrent et perdent une quantité de chaleur de plus en plus grande, jusqu'à ce que les deux mouvements calorifiques s'étant rencontrés, les différents points de cette barre perdent d'un côté autant de chaleur qu'ils en gagnent de l'autre; alors seulement l'équilibre calorifique est établi, et la distribution de la chaleur sur toutes les parties de la barre reste toujours la même : c'est ce qu'on appelle l'*état calorifique permanent* ; mais le temps pendant lequel chacun des points du corps chauffé change sans cesse de température constitue une *période variable* qui, en raison de l'assimilation qui a été faite, doit se retrouver dans les premiers moments de la transmission d'un courant.

En appliquant aux courants électriques les lois mathématiques qui ont été déterminées pour le mouvement de la chaleur, Ohm est arrivé non-seulement aux belles lois qui portent son nom, mais à déterminer celles de la période variable qu'on ne connaît guère que depuis quelques années, depuis surtout que M. Gaugain les a déterminées directement par l'expérience. Parmi ces lois il en est deux que nous ne devons pas omettre de citer ici pour l'intelligence de ce qui va suivre.

La première montre que la durée de propagation nécessaire pour qu'un courant électrique puisse atteindre dans un conducteur son *maximum d'intensité*, par conséquent pour qu'il puisse arriver à la période permanente, est *infinie* ; mais dans la pratique on peut considérer les neuf dixièmes de ce maximum comme le représentant suffisamment bien, ainsi que l'admettent MM. Varley et Thomson. Par des calculs analogues, on reconnaît que le temps nécessaire à la décharge complète d'un conducteur est également *infini*.

La seconde loi montre que le temps nécessaire pour qu'un courant atteigne son état permanent dans un circuit est proportionnel au *carré de la longueur* de ce circuit, inversement proportionnel à l'aire de sa section, proportionnel au coefficient de charge *et indépendant de la tension de la source électrique*.

Ces lois sont aussi bien applicables aux circuits aériens qu'aux circuits sous-marins ; seulement, en raison de l'induction qui se produit dans ces derniers, induction qui allonge considérablement, ainsi qu'on l'a vu, la durée de la période variable de la propagation électrique, on les retrouve d'une manière beaucoup plus caractérisée sur les circuits sous-marins que sur les circuits aériens, et cela d'autant plus que le circuit est plus long et que la source électrique est plus énergique, *car l'induction est proportionnelle à la tension de cette source.*

Si l'on a bien saisi ce que nous venons de dire, on comprend aisément que, dans la pratique télégraphique, on ne travaille que *sous l'influence d'un courant dont l'intensité n'est qu'une fraction plus ou moins grande de son intensité maxima*, ou, en d'autres termes, sous l'influence d'un courant pris à une époque plus ou moins reculée de sa période variable, en sorte que nous pouvons considérer les émissions de courant faites dans ces conditions comme de véritables courants de charge qui se transforment en courants de décharge par suite de l'éloignement du circuit du générateur électrique. Toutefois, comme la décharge s'effectue sous l'influence d'une force dont la tension est sans cesse décroissante, la remise du circuit à l'état neutre, c'est-à-dire dans les conditions nécessaires pour une nouvelle transmission, devient extrêmement longue.

Quelques éclaircissements sont ici *nécessaires*; car il importe de distinguer le cas où la ligne est mise en rapport avec le sol par une seule de ses extrémités, et celui où elle communique avec la terre par ses deux extrémités à la fois.

Dans ce dernier cas, qui se reproduit généralement dans la télégraphie sous-marine, la durée de la charge *maxima* est à peu près égale à la durée de la décharge, parce que si la tension de la source est décroissante dans un cas, alors qu'elle reste constante dans l'autre, en revanche, l'écoulement, s'effectuant de deux côtés à la fois au moment de la décharge, diminue la durée de celle-ci à peu près dans le rapport dont cette durée s'accroît par suite de l'affaiblissement de la tension. Mais il n'en est plus ainsi quand la ligne ne communique à la terre que d'un seul côté : alors la durée de la décharge est quatre fois plus longue que celle de la charge. Il s'agit ici, bien entendu, de charges *maxima*. Or, comme dans la pratique télégraphique ces charges ne peuvent être obtenues, il est nécessaire d'examiner ce qui se passe suivant que l'intensité électrique que l'on emploie est une fraction très-petite ou très-grande de l'intensité *maxima*.

Dans le câble transatlantique actuel, si l'on veut employer une force électrique qui soit les $\frac{8}{14}$ de l'intensité *maxima*, la durée de la charge devra être de $1^s,8$ et la décharge aura à peu près la même durée quand le câble sera en rapport avec le sol par ses deux extrémités ; mais si l'on ne

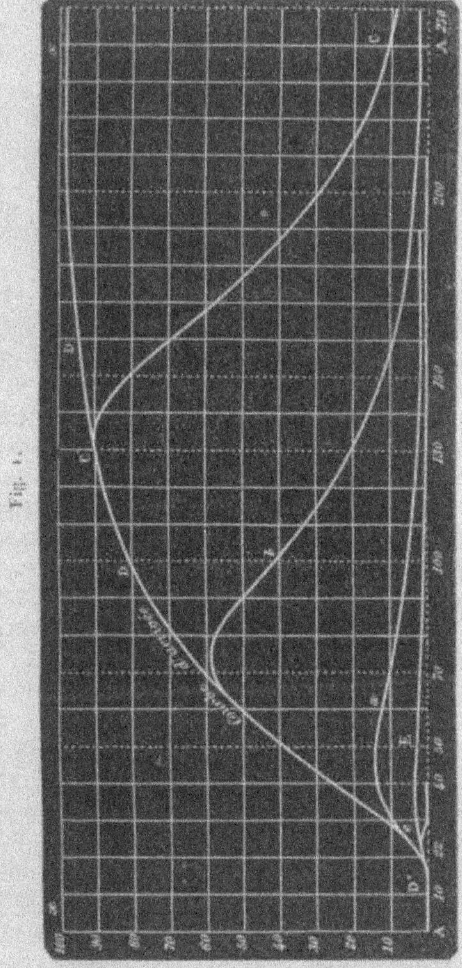

Fig. 1.

prend *qu'un centième* de ce maximum, cette durée sera bien différente pour la charge et la décharge. Elle sera environ $\frac{2}{10}$ de seconde dans le premier cas, tandis qu'elle pourra atteindre plusieurs minutes dans l'autre. Cela se comprend d'ailleurs facilement, si l'on considère que, dans ce dernier cas, la force qui est alors fournie par la pile est loin de correspondre à toute la puissance de celle-ci; de sorte que la charge du câble s'effectue sous l'influence d'une tension croissante, tandis que la décharge reste dans des conditions de stabilité relative.

La *fig.* 1, p. 11, peut donner une idée parfaitement nette de ces différents effets. Elle représente les courbes des charges et décharges électriques d'un câble aux différentes époques de la période variable de l'intensité d'un courant. Les ordonnées représentent les intensités du courant, les abscisses les durées; les unités de grandeur de ces deux valeurs sont fonction l'une de l'autre, c'est-à-dire que si l'unité de durée est représentée par 1 millimètre, l'unité d'intensité de courant sera également représentée par 1 millimètre. Cela posé, nous admettons que, pour la longueur du câble étudié, l'intensité maxima du courant sera représentée par 100; par conséquent la ligne $xx$ représentera la ligne des intensités maxima, et la ligne des abscisses AA celle des intensités minima. Toutes les courbes de charges et de décharges devront en conséquence être comprises entre ces deux lignes, à moins que la décharge changeant de signe, les ordonnées ne doivent être considérées, à partir de la ligne AA, de haut en bas. C'est ce que nous aurons occasion de voir plus tard dans les *fig.* 7 et 9.

Actuellement, nous avons à considérer les courbes correspondant à une durée prolongée du courant et à des durées déterminées, fractions plus ou moins grandes de l'intensité maxima.

La courbe D'DD montre au point d'arrivée l'intensité croissante d'un courant dont la fermeture est prolongée. On voit que tout en se rapprochant successivement de la ligne des intensités maxima $xx$ à mesure que les durées de fermeture du courant augmentent, cette courbe D'D ne peut jamais l'atteindre complètement.

La courbe D'C'C représente la courbe de charge et de décharge d'un courant dont l'intensité est arrivée aux $\frac{8}{10}$ de l'intensité maxima, sous l'influence d'une durée de fermeture représentée par 130 unités, et en admettant que la décharge s'effectue par les deux bouts du câble à la fois. La partie CC′ de cette courbe représente la décharge. Cette courbe de décharge, pas plus que la courbe D′DD, à l'égard de la ligne $xx$, ne peut rencontrer la ligne AA, mais elle s'en rapproche de plus en plus à mesure que les durées d'ouverture du circuit augmentent; après 130 unités de durée, cette décharge, comme dans le cas de la charge, atteint les $\frac{8}{10}$ de la décharge complète.

La courbe D′$b$ représente l'intensité croissante et décroissante d'un courant au bout de 70 unités de durée de fermeture du circuit. Cette intensité n'est que les $\frac{8}{10}$ de l'intensité maxima, et l'on voit que, dans ce cas, la courbe de décharge s'allonge considérablement.

Les courbes D′$a$ et D′E représentent les intensités du même courant prises au bout de 40 et de 22 unités de durée de fermeture du circuit, périodes après lesquelles ces intensités ne sont plus que les $\frac{11}{100}$ et les $\frac{2}{100}$ de l'intensité maxima.

La *fig.* 2, p. 14, montre les courbes des intensités du courant pendant la transmission de la lettre A. Le trait est fait par un contact d'une durée de 250 unités; le point, après une durée de 120 unités. L'échelle de cette figure est les $\frac{3}{5}$ de celle de la *fig.* 1.

## ORGANISATION TÉLÉGRAPHIQUE DU CABLE TRANSATLANTIQUE.

Nous voilà arrivés à la fin des données théoriques qui sont indispensables à connaître pour qu'on puisse comprendre les moyens qu'on a dû employer pour obtenir les curieux résultats que nous avons signalés en commençant.

Il résulte en effet de ces données que les ennemis qu'on a à combattre dans les transmissions sous-marines, sont : 1° l'*induction* exercée par les flux électriques transmis; 2° la *lenteur des décharges* quand on fait réagir les courants de manière à n'utiliser qu'une petite fraction de leur intensité maxima (condition nécessaire à remplir pour obtenir plus de promptitude dans les transmissions); 3° les *décharges secondaires* dues à la condensation.

Pour combattre ces effets, le moyen le plus efficace était de réduire le plus possible la tension de la pile afin de diminuer

Fig. 2.

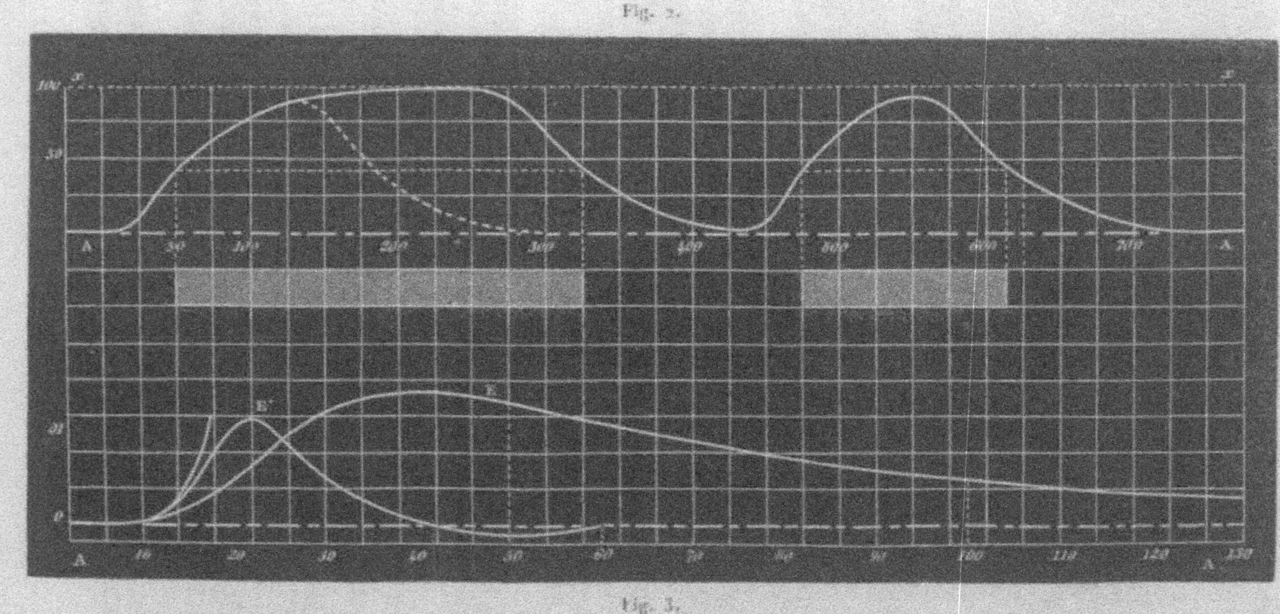


Fig. 3.

par cela même l'induction. Mais alors, comment obtenir une force suffisante pour faire marcher les appareils, étant surtout obligé de n'employer qu'une fraction très-petite de l'intensité maxima que cette faible pile pouvait fournir ? Comment, d'ailleurs, réduire les durées des décharges et détruire les effets secondaires? Tels sont les problèmes qu'on a eus à résoudre pour l'établissement du télégraphe transatlantique, et ces problèmes, nous devons le dire, ont été résolus de la manière la plus ingénieuse, par M. Varley, au moyen de l'introduction dans le circuit, à chacune des stations, d'un énorme condensateur (1), et par l'emploi, comme récepteur, d'un appareil excessivement sensible, connu sous le nom de *galvanomètre de Thomson*.

Le condensateur, qui présente une surface de 40 000 pieds carrés, est interposé dans le circuit à Valentia (Irlande), au point où le câble est relié aux appareils télégraphiques. Il constitue donc entre ces appareils et la ligne une solution de continuité, et *ce n'est que sous l'influence des flux électriques repoussés dans ce condensateur* que les appareils fonctionnent. Ainsi, ce n'est pas le courant de la pile de Valentia qui fait marcher l'appareil télégraphique de Terre-Neuve ; ce courant ne fait que charger, tantôt positivement, tantôt négativement, l'une des armures du condensateur; l'autre armure retient les fluides de noms contraires qui sont attirés, et ce sont les fluides de même nom qui, étant repoussés, constituent le flux électrique qui va se perdre en terre à Terre-Neuve, après avoir produit son effet dynamique sur le récepteur ; et ce récepteur n'est autre que le galvanomètre de Thomson. Comme on le comprend aisément, l'intensité du courant ainsi produit, qui n'est du reste par lui-même que momentané, est bien faible en comparaison de celle du courant direct, et même d'autant plus faible, qu'il ne s'écoule à travers le récepteur qu'une très-petite fraction de la charge qui le constitue. Mais, dans ces conditions, *la charge et la décharge peuvent s'effectuer dans le même temps sans réactions secondaires et très-rapidement*, ce qui est l'important dans la question de la télégraphie sous-marine. La petite courbe D'*e*

(1) Ce système avait été imaginé, dès l'année 1862, par M. Varley.

(*fig.* 1) représente la plus grande fraction de charge électrique mise à contribution dans les transmissions à travers le câble transatlantique et avec l'intermédiaire du condensateur. Si on la compare à la courbe D' E, qui représente la même grandeur de charge sans l'intervention du condensateur, on voit que la courbe de décharge est infiniment plus courte et plus rapide dans le premier cas que dans le second.

Cette augmentation de vitesse des transmissions électriques avec cette disposition tient à deux causes : d'abord à ce qu'en ne prenant qu'une très-petite fraction de l'intensité maxima (et dans le cas qui nous occupe cette fraction n'est généralement que $\frac{1}{200}$ de cette intensité maxima), sa durée de propagation est très-petite (un dixième et demi de seconde); en second lieu, parce que l'électricité accumulée sur le condensateur du côté opposé à la source électrique, venant à se trouver libre par suite des communications à la terre des deux extrémités du circuit au moment des interruptions, se trouve en grande partie *absorbée* ou *neutralisée par le flux repoussé*, qui n'a pas eu le temps de s'écouler à l'extrémité du câble et qui existe toujours sur celui-ci avec une intensité qui n'est diminuée, par suite de son écoulement à travers le récepteur, que dans le rapport de 98 pour 100 de sa force initiale.

Il résulte de la réaction que nous venons d'étudier que le flux électrique, qui a passé à l'état dynamique à travers le récepteur, a eu sa tension diminuée de $\frac{2}{100}$; cette tension ne correspond donc pas complétement à celle du second flux qui avait été condensé sur l'armure du condensateur et qui, en devenant libre, devrait neutraliser le premier flux sur le câble. Cette dernière tension se trouve donc avoir un excès de $\frac{2}{100}$; or cet excès de tension, en réagissant en sens contraire du premier flux, ramène non-seulement le récepteur à sa position neutre, mais lui fait même dépasser quelque peu cette position. Mais, outre que cet effet ne peut être que très-minime, une partie de l'électricité condensée qui constitue ce petit flux différentiel se dérive près du condensateur par une communication, il est vrai très-résistante, qui relie cet appareil au sol; il en résulte donc que ces $\frac{2}{100}$ peuvent, par le fait, être réduits à $\frac{1}{100}$ et passer inaperçus dans les effets produits.

Nous avons dit que par suite de l'interposition du condensateur les réactions secondaires dues à la condensation à travers le câble étaient évitées : il doit en effet en être ainsi, car, par suite de la neutralisation de l'électricité repoussée par le condensateur, qui est précisément celle qui a fourni l'induction latérale à travers l'enveloppe isolante, la condensation développée par celle-ci se trouve forcément annihilée.

Fig. 4.

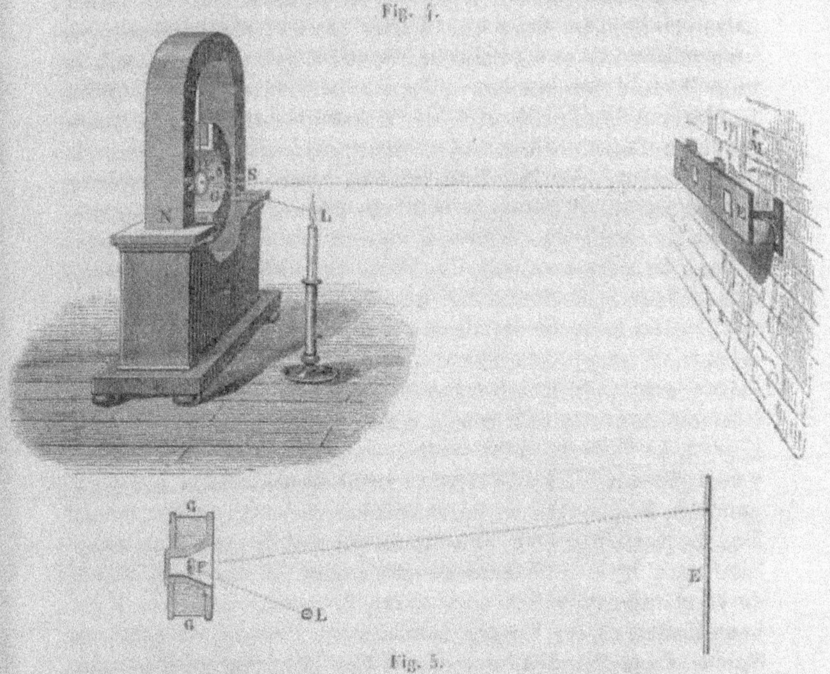


Fig. 5.

Le galvanomètre de Thomson employé, ainsi que nous l'avons vu, comme appareil récepteur, a dû subir pour son application au câble transatlantique certaines modifications; on comprend, en effet, que pour être impressionné par des courants aussi faibles et d'une durée assez courte pour n'emprunter aux courants de décharge que $\frac{2}{100}$ de leur intensité, il fallait un appareil dont les organes mobiles fussent excessivement légers et susceptibles de fournir, sous l'influence d'un déplacement pour ainsi dire microscopique, des indications parfaitement distinctes. M. Varley a résolu le problème de la manière la plus simple et la plus ingénieuse.

Le galvanomètre de Thomson (*fig.* 4 et 5) se compose, comme on le sait, d'un galvanomètre à long fil G (24 kilomètres de résistance) dont le cadre est circulaire et au centre duquel est suspendu, par trois fils de cocon, un petit miroir F, maintenu dans une position déterminée par un petit barreau aimanté *ab*, sur lequel réagit en même temps l'hélice galvanométrique. Ce petit barreau est fixé sur le miroir, et un gros aimant en fer à cheval NS, qui enveloppe l'appareil, le rappelle toujours suivant sa ligne axiale. Enfin, une lumière L, placée à deux pieds et demi de ce miroir, peut, par l'intermédiaire d'une lentille, projeter un faisceau lumineux, lequel, étant renvoyé par le miroir sur une règle divisée EE placée à une certaine distance, peut accuser les moindres déplacements de ce miroir.

Dans le galvanomètre du câble transatlantique, le petit miroir F, dont il vient d'être question, est composé d'une petite lentille dont le foyer est à deux pieds et demi et qui est argentée d'un côté. Cette disposition permet de réunir dans le même organe la lentille convergente qui doit concentrer le faisceau lumineux et le miroir concave qui doit le projeter sur l'écran. La légèreté de ce système est telle, que son poids, en y comprenant celui du barreau aimanté, ne dépasse pas 1 décigramme. Les courbures du miroir lenticulaire ont été calculées de manière que la lumière L, qui doit fournir le faisceau lumineux, ne soit distante que de 1 pied et demi du centre de ce miroir, et que la règle écran EE, sur laquelle se trouvent projetées les images lumineuses, en soit éloignée de 8 pieds. Cette disposition permet d'amplifier considérablement la déviation des rayons projetés et de rendre, par cela même, l'appareil plus sensible. Nous ajouterons encore que l'écran, dans le cas qui nous occupe, se compose d'une large règle de bois recouverte de papier blanc, et cette règle est placée en avant d'un écran M peint en noir. Quand le galvanomètre ne fonctionne pas, la projection de la flamme se trouve placée sur une ligne imaginaire de repère; mais quand il bouge le moindre peu, cette image se déplace, soit à gauche, soit à droite, suivant le sens du courant.

Dans le système adopté sur la ligne transatlantique, les mouvements de l'image, à droite de la ligne de repère, représentent les traits de l'alphabet Morse, et les mouvements à gauche les points. On peut donc, de cette manière, télégraphier comme avec les appareils Morse, et la dépêche se lit à distance. Inutile de dire que cette partie du bureau télégraphique est complétement dans l'obscurité.

Comme les flammes sont très vacillantes et que la perception prolongée de leurs images fatigue beaucoup la vue, M. Varley enveloppe la flamme qui fournit le faisceau lumineux dans un étui cylindrique sur lequel il a ménagé une fente, et cette fente est disposée de manière à ne laisser passer que la partie lumineuse de la flamme qui est tranquille. De cette manière, les images projetées ne sont que des carrés lumineux allongés de $\frac{1}{4}$ de pouce de longueur sur $\frac{1}{4}$ de largeur.

Pour terminer avec le galvanomètre récepteur du câble transatlantique, nous devons encore ajouter que le fil enroulé sur le cadre galvanométrique, au lieu d'avoir une même section, est composé de fils de grosseurs différentes qui augmentent de diamètre à mesure que les spires s'éloignent du centre du cadre. Cette disposition a été introduite pour placer toutes ces spires dans des conditions identiques de résistance et d'action.

Il nous reste maintenant à parler de la disposition des postes de Valentia et de Terre-Neuve (*fig.* 6).

Les appareils qui composent les postes de Valentia et de Terre-Neuve sont au nombre de six, savoir :

1° Le condensateur D, dont nous avons parlé précédemment, auquel vient aboutir le câble, et qui développe, comme on l'a vu, une surface de 40 000 pieds carrés ;

2° Un commutateur de ligne A, A', pour établir à volonté la communication du condensateur avec le manipulateur ou avec le récepteur ;

3° Un manipulateur inverseur B, B', mis en rapport avec la terre et la pile ;

4° Un récepteur C, C', qui n'est autre que le galvanomètre décrit précédemment, et qui communique directement à la terre ;

5° Une pile P, P' de cinq éléments Daniell, de moyenne

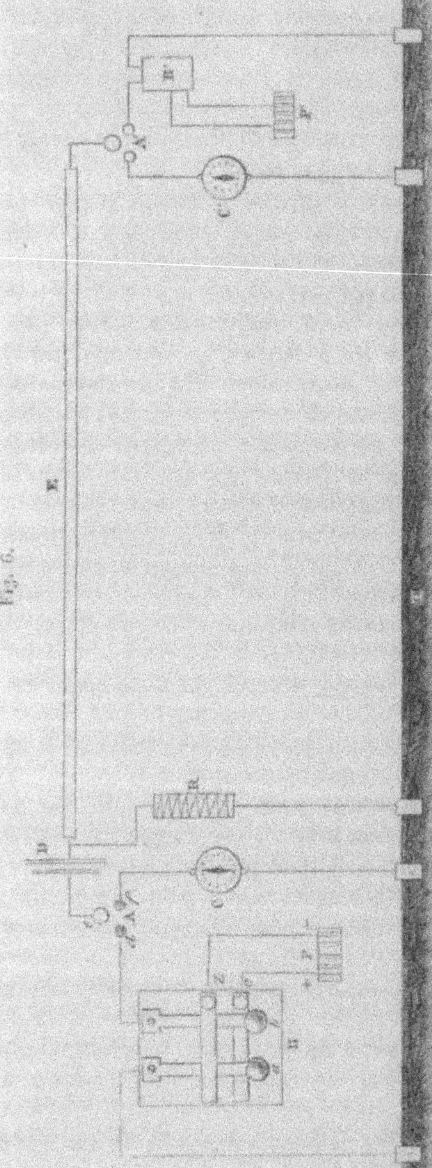
Fig. 6.

taille, dont les deux pôles sont reliés au manipulateur ;

6° Une résistance R très-considérable, introduite dans une dérivation du circuit qui réunit au sol l'armature du condensateur à laquelle aboutit le câble.

Nous avons déjà décrit avec détails l'un de ces appareils, le récepteur; il ne nous reste donc à parler que du manipulateur et du condensateur.

Le manipulateur consiste dans deux touches *a*, *b*, adaptées à deux lames de ressort mises en communication, l'une avec le commutateur A, que nous avons signalé sous le n° 2, l'autre avec le sol; deux lames métalliques Z, *c*, placées transversalement au-dessus et au-dessous de ces ressorts, sont reliées aux deux pôles de la pile P, et complètent l'appareil qui n'est, comme on le voit, qu'un inverseur à touches fort simple.

Le condensateur n'est autre chose qu'une pile de feuilles d'étain séparées par des feuilles d'un papier préparé d'une certaine manière par M. Varley, et qui développe, comme nous l'avons déjà dit, une surface de 40 000 pieds carrés. Cette pile de feuilles constitue un bloc de 2 pieds de largeur sur 3 de hauteur et 5 pouces d'épaisseur, lequel est placé dans une caisse et noyé dans de la paraffine solide remplissant toute la caisse.

Voici maintenant comment ces appareils fonctionnent.

Quand de Valentia on veut transmettre à Terre-Neuve, on dispose d'abord le commutateur de ligne A sur le contact qui relie l'armature externe (celle à laquelle ne communique pas le câble) du condensateur avec le manipulateur; alors, suivant qu'on appuie sur l'une ou l'autre des touches, le courant de la pile est transmis au condensateur, soit négativement, soit positivement; celui-ci, en se chargeant, a pour effet de condenser sur l'armature un rapport avec le câble de l'électricité contraire à celle qui est transmise par le manipulateur, et de repousser à travers le câble un flux électrique de même signe que celui de la source. C'est ce flux qui réagit sur le récepteur de Terre-Neuve et fait dévier l'image lumineuse; mais comme les transmissions sont rapides, ce flux ne passe qu'un instant très-court, car aussitôt que la touche abaissée du manipulateur a été relevée, une communication directe est établie entre le condensateur et la terre, à Valentia, et il en résulte, d'une part, l'écoulement direct dans le sol de la charge du condensateur qui couvrait l'armure externe, et, d'autre part, l'écoulement de la charge de l'autre armure à travers le câble et la dérivation très-résistante qui unit celui-ci à la terre à Valentia. Mais comme cette dernière charge rencontre sur son chemin le flux électrique qui avait réagi sur le récepteur, et qui n'avait pas eu le temps de s'écouler entièrement, elle se trouve presque complétement neutralisée, ainsi qu'on l'a vu plus haut, et dès lors l'action inductrice produite à travers l'enveloppe isolante du câble disparait en même temps complétement.

Au moyen d'un second condensateur placé à Terre-Neuve, d'une manière analogue à celle que avons décrite précédemment, la correspondance de Terre-Neuve à Valentia s'opérerait exactement dans les mêmes conditions que celles que nous venons d'exposer. C'est même ainsi que le système avait été combiné dans l'origine par M. Varley, et c'est évidemment le meilleur et le plus logique. Toutefois la Compagnie Transatlantique, dans un but que nous ne voulons pas approfondir, craignant d'y découvrir une manœuvre mesquine, employée pour éluder les brevets de M. Varley, *a voulu* se contenter du seul condensateur de Valentia, qui avait jusque-là suffi aux expériences de correspondance pendant l'immersion du câble, et que M. Varley n'avait considéré que comme un commencement d'exécution du dispositif qu'il avait imaginé. Néanmoins, comme la correspondance a pu très-bien s'échanger de cette manière, il importe que nous examinions ce qui se passe quand Terre-Neuve transmet à Valentia.

Au moment de chaque contact au manipulateur de Terre-Neuve, le câble se charge, et le flux électrique, parvenu au condensateur D (*fig.* 6), fournit une charge croissante qui détermine à travers le circuit correspondant au récepteur de Valentia un courant provenant de l'électricité repoussée par le condensateur D, et qui persiste jusqu'à ce que la charge du câble, étant totalement condensée en D, l'état statique ait fait place à l'état dynamique. Dans ce cas, si une interruption survient à Terre-Neuve, les charges condensées des deux côtés du condensateur tendent à s'écouler dans le sol de chaque côté, mais d'une manière symétrique de part et d'autre. Il en résulte donc : 1° à travers le câble, un courant de décharge qui persiste un certain temps, en raison de l'effet statique primitivement produit à travers l'enveloppe isolante et de la tension décroissante de la charge ; 2° à travers le récepteur de Valentia, un courant en sens inverse du premier. Mais comme le mouvement électrique, dans ce dernier cas, *est excessivement lent en raison du peu de tension de la charge condensée, qui est décroissante et environ* 100 *fois moindre que celle de la pile*, le courant qui en résulte est excessivement faible et n'agit sur le récepteur que pour ramener plus vite le barreau aimanté à sa position neutre, et si celui-ci la dépasse, ce n'est que d'une quantité peu appréciable et d'une manière analogue à celle que nous avons déjà étudiée dans le premier système de transmission. On voit donc que l'effet produit dans les deux cas est à peu près le même, quant aux effets obtenus, bien qu'au premier abord les phénomènes mis en jeu paraissent plus compliqués et même différents. En effet, dans le premier cas, la ligne est toujours déchargée, tandis que dans le second, elle est toujours chargée, et les effets ne sont alors produits que par des renforcements ou des affaiblissements de la tension électrique au condensateur.

Nous venons de rappeler la disposition adoptée actuellement sur la ligne transatlantique, parce que c'est un fait accompli; mais, comme je le disais, ce système est inférieur à celui où deux condensateurs sont introduits dans le circuit (1), et il est surprenant que la Compagnie anglaise n'ait pas cherché à appliquer dans tout leur ensemble les dispositions que M. Varley avait imaginées, tant pour l'augmentation de la rapidité des dépêches que pour la conservation des câbles eux-mêmes. Voici, en effet, un dispositif très-simple que M. Varley avait combiné pour empêcher la coupure de l'âme des câbles à la suite d'un défaut d'isolement.

On sait que quand une fissure se produit dans un câble, la dérivation du courant qui s'établit à travers cette fissure tend à former une électrolyse dans laquelle le conducteur du câble joue le rôle d'anode soluble; le métal se trouve donc mangé en cet endroit et bientôt coupé. Pour éviter cet inconvénient, M. Varley adapte à la résistance R (*fig.* 6) une pile cinq fois plus forte environ que la pile de ligne et met en communication avec cette résistance le pôle négatif de cette pile alors que le pôle positif communique à la terre. De cette manière, le câble sous-marin, placé entre les deux condensateurs, se trouve en tous temps négatif, et c'est sous l'influence du renforcement ou de l'affaiblissement de cet état négatif que l'action sur les appareils aux stations se produit; mais, en raison de cet état négatif, l'action corrosive des dérivations et même celle de l'eau de mer n'existent plus, et le fil du câble reste intact.

---

(1) La supériorité de ce système est surtout manifeste lorsque la ligne est affectée par les aurores boréales, car alors il y a toujours entre la ligne et le récepteur une solution de continuité qui diminue considérablement l'action du courant terrestre.

Les *fig.* 7, 8, 9 représentent les courbes des intensités de courant à travers le câble transatlantique après quatre

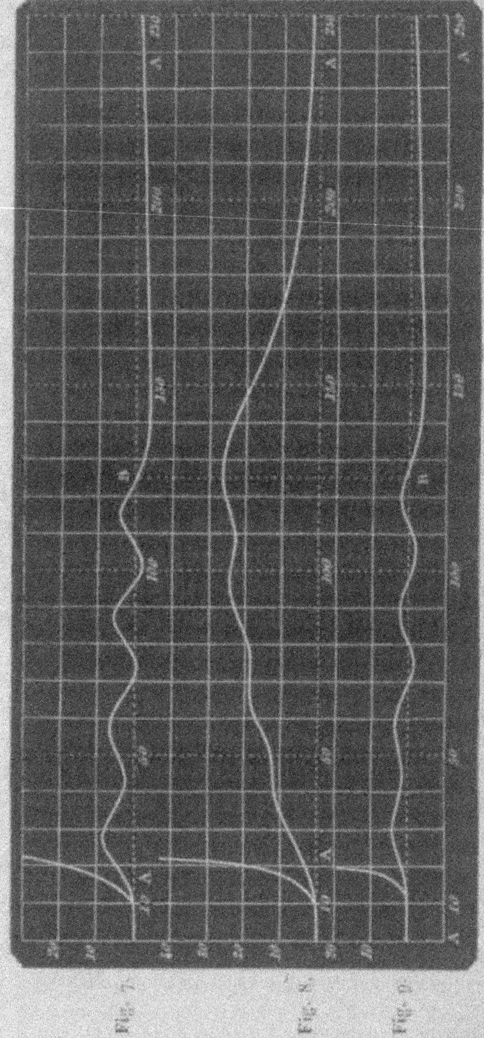

Fig. 7. Fig. 8. Fig. 9.

émissions successives de courant (constituant la lettre H), et dans les trois conditions suivantes : 1[o] quand la transmission s'effectue par le câble seul, *sans le condensateur interposé dans le circuit* (*fig.* 8); 2° quand ce condensateur étant interposé à Valentia, cette station parle à Terre-Neuve (*fig.* 7); 3° quand, dans les mêmes conditions, Terre-Neuve parle à Valentia (*fig.* 9).

Comme on le voit, les ondes sont beaucoup plus distinctes dans ces deux derniers cas que dans le premier, et les décharges beaucoup plus complètes; on voit même que la décharge prend un signe contraire après la troisième fermeture du courant, circonstance due à l'effet que nous avons signalé page 16. De plus, on voit que la ligne est complétement déchargée après la terminaison du signal en BB, tandis qu'elle est à son maximum de charge dans le cas où le condensateur n'est pas interposé. Dans cette transmission, la durée des fermetures du circuit est de 8 unités, tandis que les contacts à la terre sont effectués pendant une période de 22 unités. Ces courbes sont du reste reproduites sur une échelle environ 40 fois plus grande que celle qui a servi de point de départ à la *fig.* 1.

Le conducteur ou l'âme du câble transatlantique actuel se compose d'un faisceau de 7 fils de cuivre de 1 millimètre de diamètre chacun, tressés régulièrement ensemble de manière à constituer un diamètre total d'environ 3 millimètres et demi. L'enveloppe isolante est formée par 4 couches de gutta-percha perfectionnée, alternées de 4 couches de *chaterton-composition* ayant ensemble une épaisseur de 3 millimètres 7 dixièmes. Autour de cette gaîne isolante est adaptée une enveloppe en chanvre humide d'environ 2 millimètres d'épaisseur, et le tout est entouré d'une enveloppe protectrice composée de 10 fils d'acier enroulés en torons assez longs et recouverts eux-mêmes individuellement d'une enveloppe de chanvre goudronné de 5 millimètres, ce qui porte le diamètre total du câble à 2 centimètres et demi.

La vitesse de transmission sur la ligne transatlantique est, avec la disposition actuelle, en moyenne de 15 à 16 mots par minutes; c'est à peu près la vitesse du Morse ordinaire. Et encore, dans cette transmission, les contacts à la terre, au moment des interruptions du courant, doivent avoir une durée un peu plus que double de celle des contacts à la pile (dans le rapport de 22 à 8).

APPAREILS D'ESSAIS PRÉVENTIFS.

A l'époque de la pose du premier câble transatlantique, une grande partie des données théoriques que nous avons exposées en commençant étaient inconnues, et on croyait que pour vaincre la lenteur des transmissions à travers les câbles, il ne s'agissait que d'augmenter la tension du générateur électrique. Aussi n'hésita-t-on pas à l'essayer avec des courants de grande tension provenant de fortes machines magnéto-électriques. Or, si l'on considère qu'avec de pareils courants les moindres défauts d'isolation, les moindres fissures peuvent non-seulement fournir des dérivations importantes, mais même être augmentés considérablement par le passage du courant, on comprendra facilement que, quand bien même l'isolation de ce premier câble eût été suffisante, il n'aurait pu résister longtemps à un pareil régime, et c'est là certainement la véritable cause de sa non-réussite. Ainsi, grâce à l'ignorance dans laquelle on était alors des lois de la propagation électrique à travers les câbles sous-marins, ignorance volontaire, puisque M. Varley, dès l'année 1854, et M. Thomson, en 1855, avaient toujours soutenu les véritables conditions du bon fonctionnement des télégraphes sous-marins, non-seulement on se trouvait conduit à l'emploi d'engins électriques de nature à compromettre l'isolement des câbles, mais encore de moyens qui, au lieu de réduire les difficultés des transmissions, ne faisaient que les augmenter encore. Il est réellement surprenant que dans des opérations aussi dispendieuses, aussi difficiles d'exécution, on ne demande pas toujours à la science une ratification motivée des moyens proposés et qu'il faille payer si cher des indications que quelques expériences scientifiques auraient pu fournir. Mais il en a été toujours ainsi pour la télégraphie dès qu'elle est sortie du domaine de la science pour entrer dans celui de la spéculation ou de l'administration; il semble, à entendre certains chefs d'administration, que la science n'a plus rien à faire dans une question devenue pratique et servant de base à un service public. Quelle erreur! et combien cette erreur coûtera-t-elle encore aux gouvernements et aux administrations!

Au moment de la pose du second câble d'Algérie, les expériences entreprises par la Commission anglaise avaient déjà fourni d'importants renseignements, et les transmissions s'effectuaient dans d'excellentes conditions sous l'influence d'une pile très-faible (six éléments Daniell grand modèle) et avec les appareils de M. Siemens. Mais, par une fatalité désolante, ce câble a cessé brusquement de fonctionner sans causes bien déterminées. On a cherché beaucoup de raisons pour expliquer ce désastre, mais la meilleure, suivant nous, est celle qui l'attribue à un foudroiement déterminé aux points de jonction de ce câble avec la ligne aérienne des îles Baléares. Une enveloppe de gutta-percha est si facilement percée par un courant de forte tension!

Afin de pouvoir étudier d'une manière certaine les effets électriques produits par les câbles sous-marins, M. Varley a construit des câbles *sous-marins artificiels* disposés de manière à représenter les grandes lignes sous-marines du globe.

L'un de ces câbles représente le câble transatlantique; un autre, quarante fois plus résistant, a été disposé de manière à représenter une longueur de 1300 milles nautiques, c'est-à-dire une longueur à peu près égale à celle que devra avoir le câble d'Australie.

La résistance du premier câble est constituée par onze bobines de fil fin en argent allemand, fournissant en somme une résistance d'environ 3400 kilomètres de fil de cuivre, de 3 millimètres de diamètre; c'est à peu près celle du conducteur du câble transatlantique actuel. Toutes ces bobines sont reliées entre elles et communiquent à leur point de jonction avec dix condensateurs, présentant chacun une surface de 4000 pieds carrés. Ces condensateurs, qui constituent ensemble une surface totale de 40000 pieds carrés ou environ 130000 mètres carrés, ont été introduits pour représenter l'induction latérale produite au sein du câble transatlantique au moment des émissions de courant. Il est vrai qu'avec cette disposition l'induction ne s'effectue qu'après des intervalles de 340 kilomètres, ce qui n'a pas lieu dans le câble transatlantique, où l'induction se produit sur tous les points de sa longueur. Mais comme l'épaisseur de la couche isolante des condensateurs des câbles artificiels est beaucoup plus mince que l'enveloppe isolante des câbles sous-marins, la différence d'action se trouve ainsi plus que compensée.

Le second câble artificiel de M. Varley consiste dans une série de onze tubes de verre remplis d'un liquide demi-conducteur et réunis comme précédemment à dix condensateurs. Seulement l'appareil est disposé de telle manière, qu'en tournant un commutateur, les condensateurs peuvent être instantanément retirés ou introduits dans le circuit.

Pour étudier les effets de ces câbles, des galvanomètres de Thomson, d'une égale sensibilité et en nombre égal à celui des condensateurs, sont introduits sur les fils de jonction des appareils de résistance, et disposés de façon à pouvoir fournir sur un écran des images placées sur une même ligne verticale, lorsque les appareils sont inactifs.

Les tubes qui, dans le câble australien, constituent les appareils de résistance sont remplis d'une solution composée de 98 parties d'eau et de 2 parties de sulfate de zinc, et les électrodes métalliques destinées à la transmission du courant à travers ces tubes consistent dans de petites lames de zinc amalgamé. Cette disposition a été adoptée pour éviter les effets de la polarisation.

Afin de prévenir les trépidations qui se produisent toujours dans un appartement et qui pourraient apporter certaines perturbations dans les indications galvanométriques, les miroirs des galvanomètres de Thomson sont placés dans des tubes remplis d'eau pure, et ils ont, de cette manière, leurs oscillations anormales à peu près amorties.

L'interrupteur dont on fait usage pour expérimenter les câbles artificiels est celui que nous avons décrit plus haut, p. 20, et, par suite de sa disposition, les deux bouts du câble se trouvent mis en communication avec la terre en temps de repos.

Quelquefois, au lieu de galvanomètres, M. Varley emploie comme organes révélateurs de la présence des courants des tubes de Geissler (1) d'une résistance déterminée ; mais l'u-

---

(1) Ce sont des tubes dans lesquels on a fait le vide et à travers lesquels passent deux bouts de fils qui servent d'électrodes.

sage de ces appareils ne peut guère se faire que quand on se sert de piles très-puissantes et encore ne les emploie-t-on qu'aux extrémités du circuit seulement.

Pour familiariser le lecteur avec les diverses positions des galvanomètres échelonnés aux différents points de la ligne australienne, M. Varley considère la partie supérieure de l'écran où doivent se projeter leurs images comme représentant l'Angleterre, et la partie inférieure comme représentant l'Australie. Par suite, la station occupée par le premier galvanomètre fut appelée *Gibraltar*, la seconde *Malte*, la troisième *Suez*, la quatrième *Aden*, la cinquième *Bombay*, la sixième *Calcutta*, la septième *Rangoon*, la huitième *Singapore*, la neuvième *Java*, la dixième l'*Australie*. On ne plaça pas de galvanomètre à la station anglaise, parce que les décharges, qui n'auraient pas eu alors de résistances à vaincre, auraient pu, dans certaines circonstances d'expérimentation, altérer l'instrument.

Voici, maintenant, les expériences que M. Varley a entreprises avec ces deux systèmes de câbles artificiels.

1° En réunissant ensemble les dix condensateurs propres à l'une ou à l'autre des deux lignes et les chargeant avec une pile de Daniell de 800 éléments, puis les déchargeant ensuite avec une lame d'étain, il obtint une forte décharge, une étincelle brillante et un trou de $\frac{1}{4}$ de pouce de diamètre dans la lame d'étain.

2° En adaptant la pile précédente au câble artificiel transatlantique, après avoir retiré la liaison des bobines de résistance avec les condensateurs, et avoir introduit à l'extrémité de la ligne, comme organe révélateur, un tube de Geissler d'une résistance qui exigeait pour être franchie 400 éléments Daniell, M. Varley a reconnu que le courant, envoyé du bout correspondant à Valentia, apparaissait instantanément à Terre-Neuve et disparaissait également instantanément à Valentia, au moment des interruptions à cette dernière station. Quand les condensateurs étaient reliés à la ligne, il fallait un intervalle de trois ou quatre secondes pour que le courant révélât sa présence au bout de la ligne. Et quand le circuit était coupé au bout anglais, le courant continuait encore de passer à Terre-Neuve longtemps (*many secondes*) après.

Ces expériences furent continuées avec la même pile de 800 éléments jusqu'à ce que les tubes de Geissler, par l'éclat de la lumière qui les traversait, eussent indiqué que le câble était arrivé à son maximun de charge. Le courant fut alors interrompu, toujours au bout anglais, et le circuit mis immédiatement après en communication avec le sol, à cette même station, par l'intermédiaire d'un second tube de Geissler. Ce dernier montra une lumière plus brillante que le premier, parce que la charge du câble était plus grande près de la batterie qu'au bout éloigné, et cette lumière persista également plus longtemps (plusieurs secondes même, après que l'autre avait disparu).

Fig. 10. Fig. 11. Fig. 12. Fig. 13. Fig. 14.

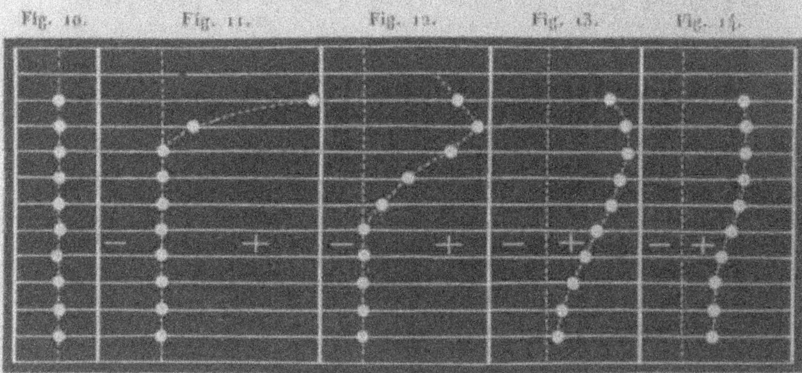


3° Une pile de moindre intensité fut ensuite adaptée au câble australien, et un faisceau de rayons lumineux provenant d'une lampe électrique fut projeté sur les miroirs des dix galvanomètres dont nous avons parlé précédemment. Les images lumineuses se projetèrent sur l'écran les unes au-dessous des autres sur une même ligne verticale, ainsi qu'on le voit *fig.* 10. Au moment de l'émission du courant faite au bout anglais, l'image correspondant à la station de Gibraltar (premier galvanomètre) se déplaça presque instantanément, et, quand elle fut projetée à environ 6 pieds à droite de la ligne verticale neutre, Malte commença à dévier (voir *fig.* 11). Plus tard, la charge continuant à passer à travers le câble, elle diminua de tension à Gibraltar, et l'image correspondante à cette station se rapprocha de la ligne verticale neutre alors que celles des autres stations s'en éloignaient de plus en plus (voir *fig.* 12, 13 et 14). Quand l'image du dernier galvanomètre commença à se mouvoir, toutes ces images, réunies entre elles par une courbe, dessinaient une vague parfaitement déterminée, dont la courbure était d'autant moins accentuée que le courant était fermé plus longtemps. Cette dépression s'effectuait dans les deux sens, c'est-à-dire du côté de la courbure la plus accentuée en l'aplatissant, et du côté de la déflexion en le relevant.

La *fig.* 13 montre approximativement l'apparence des projections lumineuses, après une durée de contact de quatorze secondes entre le câble et la batterie. La *fig.* 14 représente ces mêmes projections après une durée de contact d'une minute, alors que le courant était à son maximun au bout australien.

Fig. 15. Fig. 16. Fig. 17.

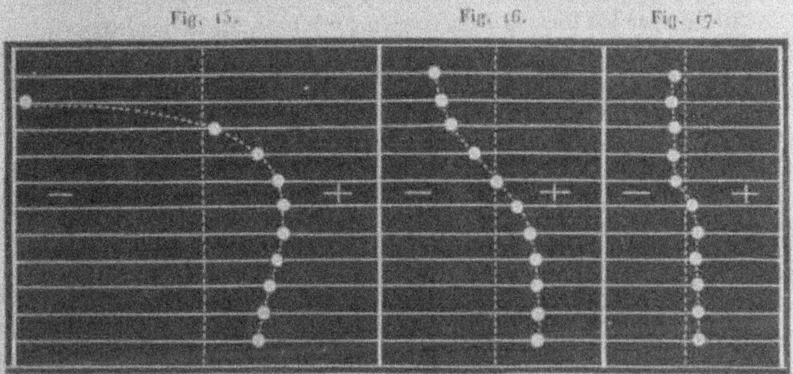

Quand le courant eut atteint à peu près son maximum d'intensité au bout australien, le bout anglais fut mis en contact avec le sol et la communication avec la batterie coupée ; aussitôt l'image de la station de Gibraltar passa à gauche de la ligne neutre, sous l'influence d'un fort courant de retour, et fut projetée presque aussi loin que dans le premier cas. Celles de Malte, de Suez et d'Aden suivirent à une petite distance, et celle de Bombay vint se placer sur la ligne neutre, montrant par là que, la décharge s'effectuant sur chaque moitié du câble dans deux sens différents, cette station se trouvait mise la première à l'état neutre. Dès lors, la courbe réunissant les différentes images commença à devenir régulière et à former une courbe en S bien caractérisée, dont les inflexions se réduisirent de plus en plus à mesure que la décharge devenait plus complète et qui finirent par se confondre, au bout de plusieurs minutes, avec la ligne neutre. Les *fig.* 15, 16 et 17 montrent ces différentes projections. La *fig.* 15 indique la position des images une seconde après que le bout anglais a été réuni à la terre. La *fig.* 16 les montre après une période de contact à la terre plus longue, et la *fig.* 17 après un laps de temps équivalent à une minute.

4° Quand les émissions de courants se succédèrent à des intervalles de cinq secondes, au moyen du manipulateur dont nous avons parlé et par renversements successifs, il se produisit, ainsi qu'on devait s'y attendre, des vagues parfaitement distinctes et de signes contraires, et ces vagues étaient indiquées par les images lumineuses projetées, qui constituaient une courbe lumineuse présentant des renflements à droite et à gauche de la ligne neutre, comme on le voit, *fig.* 18. Ces vagues étaient ainsi caractérisées jusqu'à Aden, mais au delà de cette station, elles devenaient confuses, et la courbe montrait la présence d'un courant résultant de la combinaison de ces vagues successives.

Fig. 18.

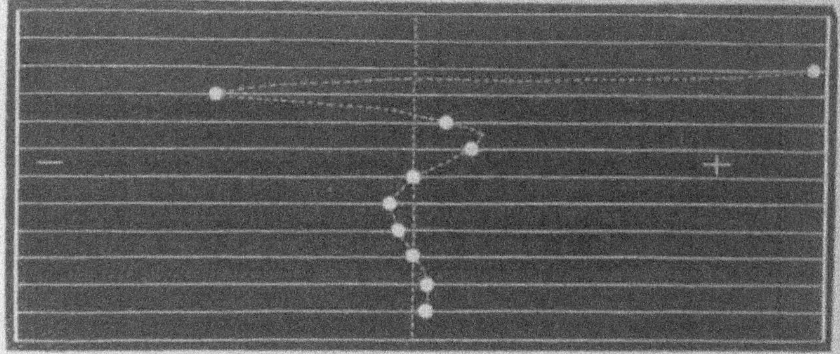

−

+

Ces moyens d'observation purent permettre à M. Varley de juger immédiatement de l'efficacité plus ou moins grande des divers systèmes proposés jusque-là pour conjurer les effets si nuisibles du ralentissement électrique dans les câbles sous-marins. Voici, en quelques mots, quels étaient ces systèmes.

L'un d'eux, le plus ancien et proposé par M. Varley en 1853-1854, consistait à envoyer après chaque courant positif un courant négatif. C'est ce système qui avait été généralement adopté sur les lignes sous-marines.

Dans un autre système également proposé par M. Varley en 1856, on envoyait à travers la ligne un fort courant positif d'une force et d'une durée déterminées, et on le faisait revenir sur lui-même en le faisant suivre d'un faible courant négatif pour débarrasser la ligne. Ce système, comme l'a indiqué l'expérience, était déjà un progrès réalisé.

En 1858, le professeur W. Thomson proposa de se servir de trois courants d'égale durée, mais de force inégale et de signes contraires, pour n'obtenir qu'un seul signal à l'extrémité de la ligne, deux de ces courants devant être employés à se neutraliser mutuellement au sein de la ligne, et, par conséquent, à dégager celle-ci. Ce système produisit un résultat plus satisfaisant encore.

En 1863, M. Varley reconnut qu'en faisant usage de quatre ou cinq courants de même force, mais de durée variable, on pouvait obtenir une transmission encore plus rapide. Ces courants se succédaient de la manière suivante. On envoyait d'abord un courant positif et on le faisait suivre d'un courant négatif d'une durée beaucoup plus longue ; ce dernier était suivi d'un courant positif d'une durée beaucoup moindre, auquel succédait un courant négatif plus court encore, lequel était suivi par un courant positif presque instantané. Ce système de transmission avait pour résultat de produire une succession de vagues alternativement positives et négatives (3 positives et 2 négatives), d'amplitudes décroissantes, qui se terminait à l'extrémité du câble d'essai par une petite vague positive, alors que le reste de la ligne se trouvait complètement déchargé par suite de la neutralisation successive de ces vagues entre elles. Ces sortes de transmissions étaient, du reste, opérées automatiquement à l'aide d'un manipulateur particulier, auquel MM. Varley et Thomson ont donné le nom de *curb-key* (1). Il va sans dire que, dans ces expériences, quand une émission de courant était produite, la charge, au moment des ruptures du circuit, s'écoulait en terre aux deux bouts du câble à la fois. La *fig.* 3, p. 14, représente la courbe des charges et décharges produites par la *curb-key* comparativement aux mêmes charges et décharges produites par les moyens ordinaires.

M. Varley, dans les différentes expériences que nous venons de rapporter, a pu constater l'exactitude des lois d'Ohm sur la vitesse de transmission de l'électricité, et, entre autres, celles qui montrent que cette vitesse est *indépendante de la source électrique* et inversement proportionnelle au *carré* de la longueur du circuit. Généralement, dans les câbles très-

---

(1) Voici les durées exactes de ces différents courants :

| | Durée. |
|---|---|
| 1er courant | + 4,0 |
| 2e courant | — 3,5 |
| 3e courant | + 2,5 |
| 4e courant | — 1,5 |
| 5e courant | + 0,6 |

M. Varley explique de la manière suivante comment s'effectuent les transmissions avec ce système.

Le premier courant envoyé a pour effet de provoquer un changement rapide dans l'état électrique du conducteur. Mais s'il était seul et sans réaction secondaire, il produirait sur le récepteur à l'extrémité de la ligne un effet beaucoup trop long, et c'est pour l'arrêter et ne lui laisser que la durée qu'il doit avoir, que le deuxième courant, de sens contraire, est envoyé ; d'un autre côté, afin que ce second courant puisse avoir la faculté d'agir le plus promptement possible après le premier courant, on le prolonge assez de temps pour qu'après avoir détruit le premier il manifeste un excédant d'action qui se trouve ensuite annihilé par le troisième courant, lequel est corrigé à son tour par un quatrième, et ainsi de suite indéfiniment. M. Varley, toutefois, pense que cinq ou sept courants sont en nombre suffisant pour fournir pratiquement sur le câble transatlantique tous les effets heureux de cette combinaison ; mais il fait remarquer que, quel que soit le nombre des courants employés pour produire un signal, il est essentiel que les courants de même signe que celui qui doit fournir le signal simple à la station éloignée aient dans leur somme de durées un excédant sur les courants opposés.

La *fig.* 3, page 14, montre les différences de vitesse de transmission quand on opère avec la clef de Morse simple ou quand on fait usage de la *curb-key*. On voit que l'onde électrique E' produite par cette dernière clef n'exige que 40 unités pour se produire, tandis que l'onde E en nécessite plus de 130, et même dans ce dernier cas la ligne n'est pas déchargée.

courts, ces lois sont un peu masquées, par suite de la réaction de l'enveloppe de fer qui constitue leur armature protectrice et qui augmente encore les durées de transmission; mais, dans les longs câbles, cette réaction s'efface devant les effets électrostatiques.

Les courants accidentels provenant du magnétisme terrestre, et particulièrement des aurores boréales, agissent, comme on le sait, d'une manière très-énergique sur les lignes télégraphiques : et les lignes sous-marines sont loin d'en être exemptes; or, avec les faibles courants dont on dispose dans le système usité sur la ligne transatlantique, il était à craindre que ces influences perturbatrices n'empêchassent complétement les transmissions. De plus, il importait de savoir si l'intervention du condensateur dans le circuit était favorable ou non, au développement de ces influences. Afin de résoudre cette double question, M. Varley a établi les expériences suivantes.

Pour représenter les influences de ces courants accidentels terrestres, qui varient, comme on le sait, lentement de sens et d'intensité, M. Varley interpose, entre le manipulateur de son câble artificiel transatlantique (à Valentia) et la terre, un baquet rempli d'eau légèrement salée avec du sulfate de zinc. Deux électrodes de zinc amalgamé portées par une traverse de bois plongent dans ce baquet et sont mises en mouvement de rotation par un mécanisme d'horlogerie, qui leur fait accomplir une demi-révolution en 40 secondes; enfin le liquide aux deux points opposés d'un même diamètre du baquet est en contact avec les deux bouts disjoints du fil de terre du manipulateur (voir *fig.* 6), alors que les électrodes de zinc amalgamé communiquent aux deux pôles d'une pile assez puissante.

Les appareils étant ainsi disposés, on observe que, quand la traverse qui porte les électrodes de zinc est placée transversalement par rapport à la ligne diamétrale qui réunit les deux points opposés du baquet en rapport avec la terre et le câble sous-marin, aucun courant n'est produit à travers celui-ci, tandis que dans la position contraire, c'est-à-dire dans la position parallèle à cette même ligne diamétrale, un courant assez énergique sillonne le câble dans un sens qui varie à chaque demi-révolution de la traverse. Entre ces deux positions rectangulaires, le courant passe, bien entendu, par des phases de décroissances et de renforcements successifs, absolument comme cela a lieu dans les effets électriques produits par les orages magnétiques du globe (1).

Pour bien constater les phénomènes produits dans le câble, deux galvanomètres à réflexion furent placés à Terre-Neuve, l'un sur le fil de terre, l'autre sur un fil aboutissant à l'un des condensateurs dont nous avons parlé, lequel condensateur était relié également avec la terre.

Aussitôt que les courants provenant de l'appareil décrit précédemment manifestaient leur présence à Terre-Neuve, les deux galvanomètres déviaient, l'un sous l'influence de la décharge à travers le sol, l'autre sous l'influence de la charge du condensateur ; mais aussitôt que celui-ci était chargé à la tension du flux électrique dans le câble, la déviation du galvanomètre correspondant cessait, tandis que la déviation de l'autre persistait. Or on pouvait observer que l'amplitude de la déviation du galvanomètre correspondant au condensateur ne dépendait pas du tout de la force du courant passant à travers le câble, mais uniquement de la *rapidité des variations de sa tension*, variations qui avaient pour résultat l'augmentation ou la diminution de la charge du condensateur. Il résultait, en effet, de cette action différente exercée sur les deux galvanomètres, que les images lumineuses du galvanomètre influencé directement par les courants circulant dans le câble étaient déviées à droite et à gauche de 20 à 30 pieds, alors que celles du galvanomètre correspondant au condensateur ne se déplaçaient que de 3 pouces ; et cela, parce que la tension augmentant lentement avec ces sortes de courants, les effets statiques succédaient presque immédiatement aux effets dynamiques dans le circuit du condensateur et ne pouvaient donner lieu qu'à une série de courants différentiels peu appréciables (2).

---

(1) M. Varley prétend que cette période de 40 secondes représente une période de variation plus rapide que dans la réalité, car il n'a jamais observé de courant terrestre variant du maximum positif au maximum négatif en moins de 60 secondes ; mais, en revanche, il a pu constater que ce changement avait nécessité souvent un intervalle de temps de 5 à 10 minutes.

(2) L'effet du condensateur sur le galvanomètre qui lui correspond, dit M. Varley, est à peu près nul dans le premier moment, car il n'oppose alors

Les conclusions de ces expériences furent donc que l'interposition du condensateur dans le circuit, qui avait résolu d'une manière si complète la question des transmissions promptes, était éminemment favorable à l'annihilation des effets si nuisibles des courants accidentels terrestres ; car si ces courants, par le fait, sont beaucoup plus énergiques que ceux qui sont transmis par le fil, comme leur variation de tension est extrêmement lente, leur action sur le récepteur galvanométrique est à peu près nulle, ainsi qu'on l'a vu précédemment, tandis que l'action des courants de la pile, dont l'accroissement de tension est infiniment plus rapide, pourra être relativement considérabe dans des transmissions promptes. Quelques nombres suffiront pour donner une idée de cette différence.

Supposons que la force du courant qui doit fournir les signaux télégraphiques soit $\frac{1}{10}$ de celle du courant terrestre. Comme l'accroissement progressif de la tension nécessaire à la production d'un signal s'effectue pour le premier courant en $\frac{1}{4}$ de seconde, alors qu'il ne se produit avec le courant terrestre qu'au bout de 60 secondes, l'action du courant de la pile se trouve donc être, dans cet intervalle de $\frac{1}{4}$ de seconde, 24 fois plus forte que celle du courant terrestre. On comprend, dès lors, que les effets de ce dernier courant deviennent insignifiants et ne peuvent plus préoccuper.

Avec le câble artificiel dont nous avons parlé p. 27, M. Varley a pu démontrer, de la manière la plus nette, la théo-

---

aucune résistance au passage du flux électrique. Mais il n'en est plus de même quelques instants après. Supposons, pour fixer les idées, que le courant arrivant au bout du câble ait une tension représentée par 1 à travers les deux galvanomètres. Aussitôt que le condensateur commencera à être chargé à la tension 1, le courant à travers le galvanomètre correspondant cessera. Maintenant admettons que pendant ce temps le courant ait augmenté de force et que sa tension 1 soit devenue 2, le condensateur se chargera à 2, et, pendant cette nouvelle charge, le galvanomètre déviera jusqu'à ce que le condensateur soit de nouveau chargé à cette tension. Ainsi ce galvanomètre ne mesurera pas la force du courant traversant le câble, mais les variations de sa tension.

Admettons encore que le câble et le condensateur soient chargés à une tension de 100. Le galvanomètre auquel il communique ne révélerait la présence d'un courant qu'autant que cette tension serait accrue ou diminuée, et qu'elle serait devenue, par exemple, 101 ou 99 : alors les courants indiqués seraient de sens contraire avec une force représentée par + 1 ou — 1.

rie que nous venons d'exposer. Il lui a suffi pour cela d'adapter à ce câble le dispositif précédent et de faire fonctionner le manipulateur avec une pile beaucoup plus faible que celle qui fournissait la reproduction simulée des courants terrestres ; il put obtenir de cette manière des signaux très-nets et très-rapides sur le galvanomètre correspondant au condensateur.

C'est grâce à ces expériences que M. Varley a pu combiner le système ingénieux du télégraphe transatlantique que nous avons étudié au commencement de cette Notice, et on peut voir par là quels services immenses peuvent rendre à une administration télégraphique ces câbles artificiels qui, tout en faisant voir ce qui se passe dans les transmissions électriques sous-marines, permettent de reconnaître immédiatement l'efficacité des moyens proposés pour le perfectionnement de ce système télégraphique.

### APPAREILS RHÉOSTATIQUES EMPLOYÉS POUR MESURER LA RÉSISTANCE DE L'ISOLEMENT ET DU CONDUCTEUR DU CABLE TRANSATLANTIQUE.

L'opération la plus importante pour constater l'état et les bonnes conditions de pose d'un câble pendant son immersion est, comme on le sait, la mesure de la résistance de son enveloppe isolante, et celle de la conductibilité de son fil conducteur. Le système qui avait été le plus employé jusqu'au moment de l'immersion du câble transatlantique était la balance électrique connue vulgairement sous le nom de *pont de Wheatstone*. Ce système avait été perfectionné par M. Siemens, et nous avons longuement analysé sa disposition, dans notre *Traité de Télégraphie électrique ;* mais ce système présentait de nombreux inconvénients inhérents surtout aux effets d'induction produits au sein des câbles, et on a dû s'en affranchir lors de l'immersion du dernier câble transatlantique. C'est à MM. Thomson et Varley qu'on doit ces heureuses modifications, et, pour qu'on puisse s'en rendre compte, il importe que nous prenions la question à son point de départ, c'est-à-dire au *pont de Wheatstone* réduit à ses éléments simples.

*Pont de Wheatstone.* — Dans la disposition adoptée par M. Wheatstone dans sa balance (*pont*), les deux côtés *a* et *b* du losange *abx*R (*fig.* 19) aboutissant au pôle positif de la pile étaient des quantités connues, égales et constantes dans une même expérience, et la résistance inconnue *x* se déduisait de la résistance variable R, de telle sorte que quand le galvanomètre *g* était à zéro, on avait $a=b$, $R=x$.

Fig. 19.

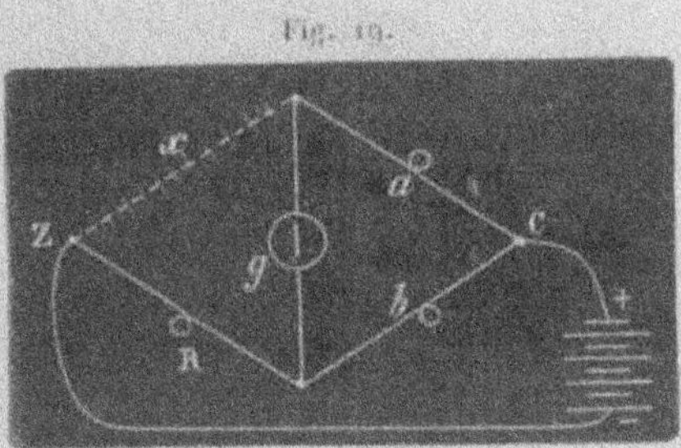


Quand il ne s'agit que de petites résistances, et surtout de résistances dans lesquelles les charges électriques n'exigent pas un certain temps pour atteindre leur maximum de force, ce système est très-suffisant ; mais il n'en est plus de même quand on veut, par ce procédé, mesurer les résistances des câbles sous-marins. Alors les variations de la résistance R, en modifiant les conditions de résistance de la dérivation C*b*RZ, changent les conditions de distribution du courant à travers les deux circuits dérivés, et, comme il faut un temps assez long pour que la charge puisse être complétement effectuée et répartie entre les deux circuits, il devient très-difficile de savoir exactement le moment où la résistance R représente la quantité inconnue *x*.

*Pont de Thomson.* — Pour obvier à cet inconvénient, M. Thomson rend constante la dérivation C*b*RZ et ne fait varier que le point d'attache de la dérivation du galvanomètre *g* en le portant du côté de *b* ou du côté de R, jusqu'à ce que le galvanomètre se tienne à zéro.

Alors pour déterminer la valeur de la résistance *x*, il ne s'agit que de déterminer la résistance *b* et la résistance *a*R ; mais comme celle-ci est fonction de la première, il n'y a par le fait qu'une inconnue à déterminer.

Dans ce cas, on a

$$x = \frac{Ra}{b}.$$

Voici la disposition pratique de ce système :

Fig. 20.

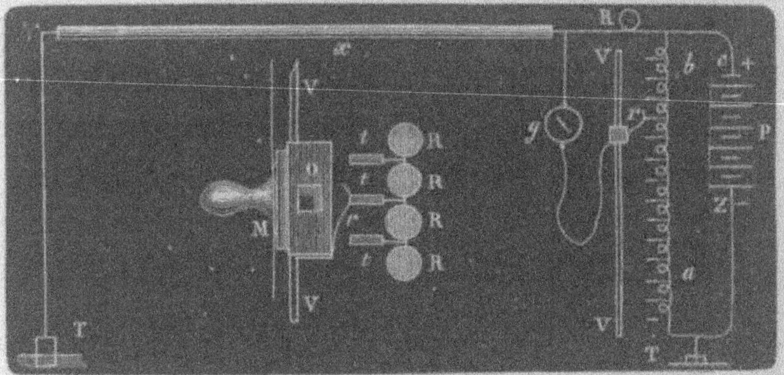


Fig. 21.

Les résistances des branches $a$ et $b$ du losange (*fig.* 19) sont représentées par une série de bobines de résistance $ab$ (*fig.* 20) qui se terminent chacune par un contact métallique, et ces contacts, placés les uns à la suite des autres sur une même ligne droite, peuvent être rencontrés par une lame de ressort $r$ mobile sur un guide VV et en rapport direct avec le galvanomètre $g$ (1). Celui-ci communique d'ailleurs avec la résistance $x$, et le pôle négatif de la pile ainsi que le bout libre du câble sont en rapport ave le sol. Cette disposition, par le fait, revient à celle que nous représentons ci-contre (*fig.* 22)

---

(1) La figure 21 donne une idée de la disposition de ce système conjoncteur ; $r$ est la lame du ressort qui appuie sur les contacts $t$, $t$, $t$ des bobines de résistance R, R, R. Ce ressort est adapté à un manchon M mobile sur le guide en cuivre VV et disposé de manière à fournir un contact métallique à frottement sur ce guide. Ce guide correspond lui-même métalliquement avec le galvanomètre $g$. Enfin une petite ouverture carrée O placée en face du contact touché, permet de lire la résistance de la série des bobines en ce point, laquelle résistance est inscrite sur l'appareil dans deux sens différents à partir des deux extrémités de la série.

puisque la terre, en raison de son peu de résistance, peut être considérée comme le point de jonction entre $a$ et $x$.

Fig. 22.

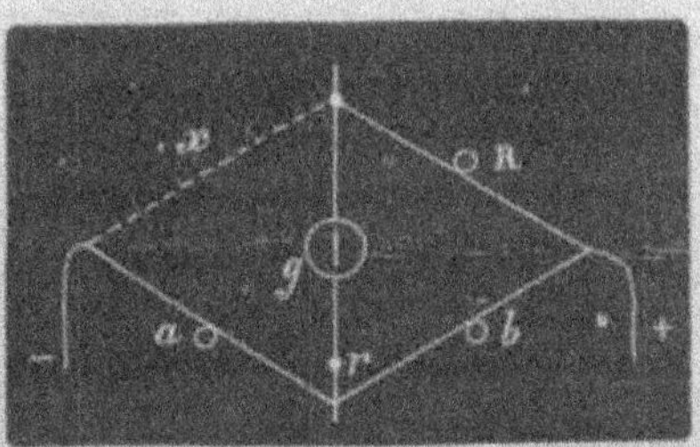


Il ne s'agit donc, pour faire l'expérience et connaître les valeurs de $a$ et de $b$, d'où dépend la valeur $x$, que de faire glisser le ressort $r$ (*fig.* 20) sur les différents contacts des bobines de la série $ab$, jusqu'à ce que le galvanomètre arrive à zéro, et de lire sur l'index désignant les résistances des différentes bobines de la série, celle de ces résistances qui correspond au contact touché par le ressort $r$. Comme les indications sont doubles et inscrites dans un sens inverse, il devient ainsi facile de connaître immédiatement et sans calculs les valeurs de $a$ et de $b$.

Dans le pont de Thomson, la résistance totale $a + b$ est égale à 100000 ohmades ou à 10000 kilomètres de fil de fer de 4 millimètres de diamètre, et le nombre des bobines interposées est de 100, ce qui suppose à chacune une résistance de 100 kilomètres.

*Pont de MM. Thomson et Varley.* — Il est facile de comprendre que des résistances aussi espacées entre elles que celles dont nous venons de parler ne sont pas suffisantes pour la pratique, et qu'il était nécessaire d'adapter à l'appareil un système qui pût fournir les sous-divisions de 100 kilomètres. C'est ce que M. Varley a obtenu en ajoutant au système décrit précédemment une seconde série de résistances $a' b'$ (*fig.* 23) et en prenant pour la première série 101 bobines au lieu de 100.

Le frotteur $r$ qui appuie sur les contacts de ces bobines, au lieu d'être simple comme dans la *fig.* 20, est double et disposé de manière à laisser isolées, entre les deux contacts touchés, deux bobines de résistance, qui se trouvent alors combinées dans la série *ab* avec la série entière des résistances *a' b'*, laquelle représente la même valeur. Comme celle-ci est composée de 100 bobines n'ayant chacune qu'une résistance de 2 kilomètres ou 2000 mètres, il devient facile, au moyen d'un ressort de contact *r* mobile sur un guide, comme dans le premier cas, de déterminer, sur la nouvelle échelle, celle des bobines qui correspond à la résistance cherchée, que l'on obtient ainsi à moins de 1 kilomètre d'approximation.

Fig. 23.

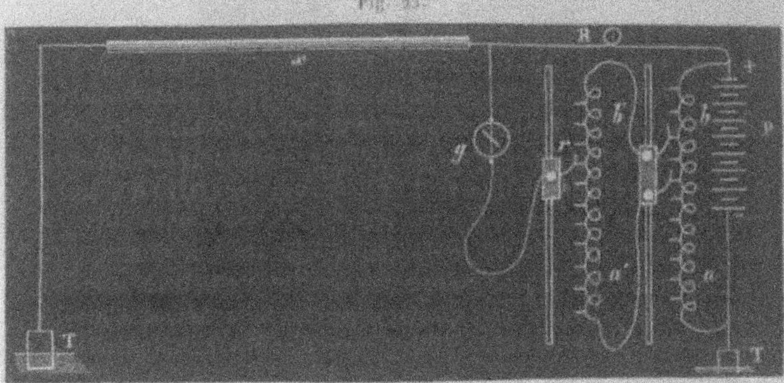


En effet, la dérivation établie entre la première série *ab* et la deuxième *a'b'* diminue, par le fait, de moitié la résistance des deux bobines intercalées entre les deux contacts touchés, c'est-à-dire de 100 kilomètres. Les deux échelles réunies ne représentent donc pas, en réalité, pour la partie $a+b$ du losange $ab\,\mathrm{R}\,x$ (*fig.* 22), une résistance plus grande que celle du pont de Thomson ; mais l'action du courant sur le galvanomètre, au lieu de ne pouvoir être étudiée que sur 100 combinaisons de dérivations du circuit du galvanomètre, peut l'être sur $100 \times 100$, c'est-à-dire 10000.

C'est ce système de balance rhéostatique qui a été employé pour la mesure de la résistance du câble transatlantique pendant son immersion. Toutefois, comme la déduction de la résistance $x$ avec cet appareil exige un petit calcul, puisque dans ce cas on a

$$x = \frac{\mathrm{R}a}{b},$$

il était à désirer, pour la promptitude des opérations, que l'instrument pût fournir lui-même la détermination de cette résistance sans aucun calcul.

M. Varley y est parvenu au moyen du dispositif représenté *fig.* 24.

Fig. 24.

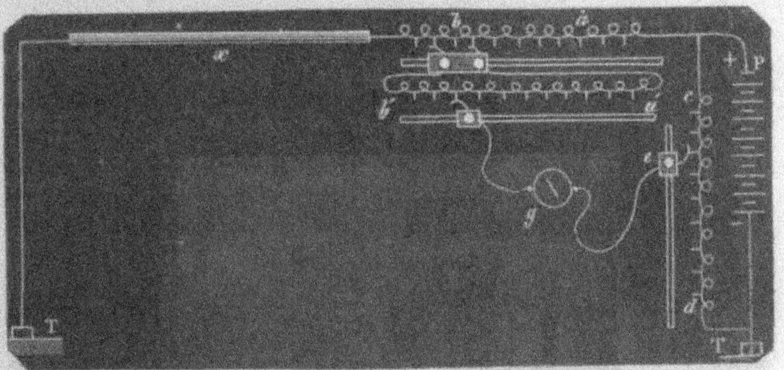

*Pont de Varley.* — Dans ce nouveau système, la résistance R du pont de MM. Varley et Thomson est remplacée par le système $ab$, $a'b'$ (*fig.* 24) dont nous avons parlé précédemment, et une troisième série $cd$ de bobines de résistances devant lesquelles glisse un ressort $e$ en rapport avec le galvanomètre g, représente, comme dans le pont de Thomson, la résistance $a+b$. De cette manière, on peut régler, comme on le désire, la sensibilité de l'appareil, et cela dans des conditions connues qui peuvent fournir, pour une même série d'expériences, une constante représentant le rapport $\frac{a}{b}$ de l'équation

$$x = \frac{Ra}{b},$$

Pour plus de clarté, dans les déductions qui vont suivre, nous représentons (*fig.* 25) le dispositif théorique du nouveau pont réduit à ses éléments simples

Dans cette figure, quand le galvanomètre arrive à zéro à la suite du déplacement du point de dérivation $i$ du circuit de ce galvanomètre, et pour une position donnée de l'autre point $m$ de dérivation du même circuit sur $cd$, on a

$$a : c :: b + x : d;$$

d'où

$$b + x = a\frac{d}{c} \quad \text{et} \quad x = a\frac{d}{c} - b.$$

Or le rapport $\frac{d}{c}$ peut être donné immédiatement par la place occupée par le ressort $e$ (*fig.* 24) sur l'échelle $cd$.

Fig. 25.

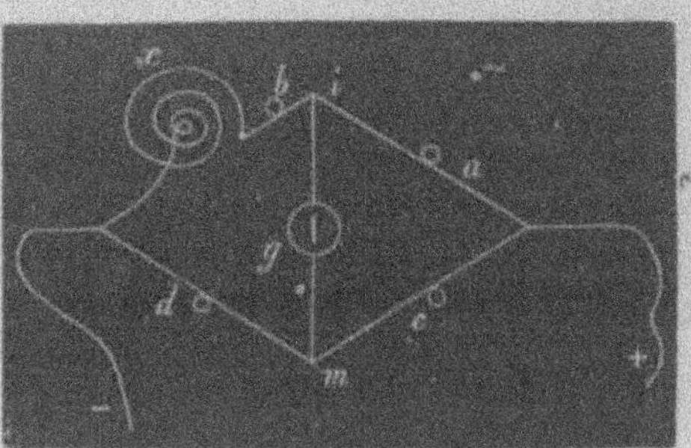


Dans l'appareil de M. Varley, les bobines de résistances de la série $cd$ sont disposées comme ci-dessous et au nombre de 14 :

| | Résistance | | |
|---|---|---|---|
| $c$ | 1 | ● | — 1000000 |
| | 9 | ● | — 100000 |
| | 9.0 | ● | — 10000 |
| | 89.9 | ● | — 1000 |
| | 890.2 | ● | — 100 |
| | 8100.8 | ● | — 10 |
| | 40909.1 | ● | — 1 |
| $d$ | 40909.1 | ● | — 0.1 |
| | 8100.8 | ● | — 0.01 |
| | 890.2 | ● | — 0.001 |
| | 89.9 | ● | — 0.0001 |
| | 9.0 | ● | — 0.00001 |
| | 9 | ● | — 0.000001 |
| | 1 | ● | |
| | 100.000.0 | | |

Leur résistance totale est égale à 100000 ohmades ou, si l'on veut, à 10000 kilomètres de fil télégraphique de 4 millimètres. Elles présentent, comme on le voit, deux périodes symétriques, l'une croissante de bas en haut, l'autre décroissante, et constituent ainsi les deux côtés $c$ et $d$ du losange *abcd* (*fig.* 25).

Quand la dérivation du galvanomètre correspond au milieu de ces deux séries, c'est-à-dire au contact n° 1, le côté $c$ est égal au côté $d$ et ces deux côtés ont chacun une résistance de 50000 ohmades ; en conséquence, le rapport $\frac{d}{c}$ est égal à 1. Quand cette dérivation correspond au contact 10, le côté $c$ n'a plus qu'une résistance de 9090,9, et le côté $d$ a eu sa résistance portée à 90909,1 ; en conséquence, le rapport $\frac{d}{c}$ est égal à 10. Il en aurait été de même si la dérivation eût été placée sur le contact 1000 ; dans ce cas, le côté $c$ n'aurait eu qu'une résistance de 99,9, tandis que $d$ l'aurait de 99900,1 ; de sorte que le rapport $\frac{d}{c}$ serait devenu 1000. En reportant la dérivation sur les contacts de la période du dessous, on trouverait que sur le contact 0,001 le côté $d$ a une résistance de 99,9 alors que le côté $c$ a une résistance de 99900,1 ; ce qui donne, pour le rapport $\frac{d}{c}$ 0,001.

On voit donc que par cette disposition, les numéros inscrits sur les contacts indiquent eux-mêmes et sans calculs les rapports $\frac{d}{c}$, et que l'opération pour trouver les valeurs des résistances $x$, consiste uniquement à lire sur les échelles *ab*, *a' b'*, qui sont numérotées dans deux sens opposés, les valeurs de $a$ et de $b$, d'ajouter à la valeur de $a$ le nombre de zéros indiqué sur le contact touché de l'échelle *cd* et de retrancher de cette valeur ainsi multipliée celle de $b$.

« Quand on a à faire, dit M. Varley, des calculs toutes les trois minutes, comme cela arrive lors de l'immersion des câbles, et cela pendant des jours entiers, c'est un travail pénible que de faire des multiplications et des divisions, même dans des conditions aussi simples que celles de la formule

$$x = \frac{Ra}{b}. »$$

On comprend maintenant qu'avec cette disposition il est facile de rendre l'appareil apte à mesurer de très-grandes résistances comme de très-petites, car il suffit de porter successivement le frotteur de l'échelle $cd$ sur les contacts de l'échelle ascendante de 1 à 1 000 000 pour augmenter dans telle proportion qu'on le désire son aptitude à mesurer de très-grandes résistances, puisqu'alors le rapport $\frac{d}{c}$ qui multiplie $a$ augmente de 1 à 1 000 000; de même on peut diminuer dans la même proportion cette aptitude en portant successivement le frotteur dans la période descendante de 1 à 0,000001, car alors le rapport $\frac{d}{c}$ au lieu d'être un multiple de 10, comme dans le premier cas, devient une fraction décimale de 10 en 10 fois plus petite.

Quand on veut mesurer des résistances plus petites que $a$, il faut naturellement que $c$ soit plus grand que $d$; alors on néglige le terme $b$, car dans ce cas le câble à mesurer (du moins l'âme du câble) est si court, que le trouble provenant de l'induction et de la charge rend l'observation assez incertaine et assez difficile pour que l'intervention de cette quantité ne puisse être appréciée.

Comme on le voit, cet appareil est extrêmement utile et ingénieux, et il devra faire partie à l'avenir du matériel de toutes les administrations télégraphiques.

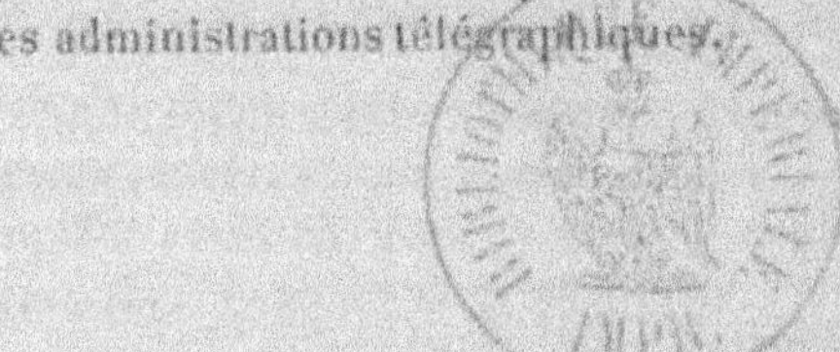

PARIS. — IMPRIMERIE DE GAUTHIER-VILLARS,
RUE DE SEINE-SAINT-GERMAIN, 10, PRÈS L'INSTITUT.

www.ingramcontent.com/pod-product-compliance
Ingram Content Group UK Ltd.
Pitfield, Milton Keynes, MK11 3LW, UK
UKHW022145170726
13837UKWH00004B/1783